U0882669

团 体 标 准

浅层地热能开发利用项目碳减排核算标准

Carbon emission reduction accounting standards for shallow geothermal energy utilization projects

T/SHDZ 004—2025

主编单位:上海市地矿工程勘察(集团)有限公司
上海中晟环能碳科技有限公司
批准部门:上海市地质学会
施行日期:2025 年 6 月 1 日

同济大学出版社

2025 上海

图书在版编目(CIP)数据

浅层地热能开发利用项目碳减排核算标准 / 上海市地矿工程勘察(集团)有限公司，上海中晟环能碳科技有限公司主编. --上海：同济大学出版社，2025.7.
ISBN 978-7-5765-1713-2

Ⅰ. TK529-65;X511-65

中国国家版本馆 CIP 数据核字第 2025LG7028 号

浅层地热能开发利用项目碳减排核算标准

上海市地矿工程勘察(集团)有限公司
上海中晟环能碳科技有限公司 主编

责任编辑 朱 勇
责任校对 徐逢乔
封面设计 陈益平

出版发行 同济大学出版社 www.tongjipress.com.cn
(地址:上海市四平路 1239 号 邮编: 200092 电话:021－65985622)
经 销 全国各地新华书店
印 刷 苏州市古得堡数码印刷有限公司
开 本 889mm×1194mm 1/32
印 张 1.5
字 数 38 000
版 次 2025 年 7 月第 1 版
印 次 2025 年 7 月第 1 次印刷
书 号 ISBN 978-7-5765-1713-2
定 价 20.00 元

本书若有印装质量问题，请向本社发行部调换 版权所有 侵权必究

上海市地质学会文件

沪地会标〔2025〕1号

关于发布《浅层地热能开发利用项目碳减排核算标准》的公告

根据上海市地质学会《学会2023年度科研课题拟立项名单（第一批）公示》（沪地会研〔2023〕2号）的要求，由上海市地矿工程勘察（集团）有限公司、上海中晟环能碳科技有限公司等单位编制的《浅层地热能开发利用项目碳减排核算标准》，经学会组织审查，现批准发布，标准编号为T/SHDZ 004—2025，自2025年6月1日起实施。

上海市地质学会

2025年5月21日

前　言

本标准根据上海市地质学会《学会 2023 年度科研课题拟立项名单（第一批）公示》（沪地会研〔2023〕2 号）的要求，由上海市地矿工程勘察（集团）有限公司、上海中晟环能碳科技有限公司会同相关单位编制完成。

编制组总结了浅层地热能利用技术、相关方法学和碳普惠的理论，充分吸收了相关研究成果，参考了国家现行相关标准，在广泛征求有关单位和专家意见的基础上，编制了本标准。

本标准共分为 6 章和 2 个附录，主要内容包括总则、术语、基本规定、基准线情景碳排放量计算、项目情景碳排放量计算及减排量核算、数据来源与管理要求以及附录 A、B。

各有关单位和人员在执行本标准过程中如有意见和建议，请反馈至上海市地质学会（地址：上海市宝山区环镇南路 522 号地矿大厦 B 座 7 楼；邮编：200436；E-mail：shdzxh522@163.com），上海市地矿工程勘察（集团）有限公司（地址：上海市宝山区环镇南路 522 号地矿大厦 A 座 1 楼；邮编：200436；E-mail：wangxiaoyang@sgeeg.com），以供今后修订时参考。

主 编 单 位：上海市地矿工程勘察（集团）有限公司
上海中晟环能碳科技有限公司

参 编 单 位：上海市建筑建材业市场管理总站
同济大学建筑设计研究院（集团）有限公司
华东建筑集团股份有限公司
港华（深圳）碳资产运营有限公司
北京市科学技术研究院资源环境研究所
上海莘阳新能源科技股份有限公司

主要起草人:寇　利　魏　健　黄　坚　王晓阳　王小清
王庆华　王　颖　孙　婉　瞿　燕　章长松
胡国霞　吕　亮　寇玉德　高顺喜　钱　凡
陈　敏　程　怡　彭智勇　才文韬　肖　锐
杨周鑫　陈天慧　刘珺珺　于　湲　齐志安
王　洋　杨梅芳　谭　杰　刁晓华　汪　俊

主要审查人:范宏武　赵　敏　范　蕊　宋丹丹　李　勇
王立华　凌长见

上海市地质学会
2025 年 5 月

目　次

Contents

1 总 则

1.0.1 为贯彻国家及上海市碳达峰碳中和相关政策法规，合理评估与量化浅层地热能开发利用项目碳减排效果，制定本标准。

1.0.2 本标准适用于上海市新建、改造的民用、工业、农业等应用浅层地热能项目的碳减排量核算。

1.0.3 浅层地热能开发利用项目的碳减排量核算，除应符合本标准外，尚应符合国家、行业和上海市现行有关标准的规定。

2 术 语

2.0.1 浅层地热能 shallow geothermal energy

蕴藏在地表以下 200 m 以内深度范围的岩土体、地下水和地表水中，温度低于 25℃，具有开发利用价值的热量。

2.0.2 常规能源系统 conventional energy systems

以常规能源提供夏季制冷、冬季供暖及生活热水的系统。本标准中常规能源系统制冷指冷水机组及冷却塔制冷系统，供暖指燃气锅炉供暖系统，供生活热水指燃气锅炉供生活热水系统。

2.0.3 地源热泵系统 ground-source heat pump systems

以岩土体、地下水或地表水为低温热源，由热泵机组、地热能交换系统、热泵机房辅助设备组成的冷热源系统。根据地热能交换系统形式的不同，地源热泵系统分为地埋管地源热泵系统、地下水地源热泵系统和地表水地源热泵系统。

2.0.4 基准线情景 baseline scenario

拟实施项目采用常规能源或原有供冷、供暖及生活热水系统的情景。

2.0.5 项目情景 project scenario

指开发利用浅层地热能的地源热泵系统供冷、供暖及生活热水的情景。

2.0.6 碳排放量 carbon emissions

指人类活动产生的温室气体排放量，温室气体主要有二氧化碳(CO_2)、甲烷(CH_4)、一氧化二氮(N_2O)、氢氟碳化物(HFCs)、全氟碳化物(PFCs)、六氟化硫(SF_6)和三氟化氮(NF_3)等。本标准核算范围仅包含二氧化碳(CO_2)。

2.0.7 项目碳减排量 carbon emission reduction of the project

指项目情景相比基准线情景减少的二氧化碳排放量。

3 基本规定

3.0.1 基准线情景分为新建项目基准线情景和改造项目基准线情景。

1 新建项目基准线情景的供冷系统为冷水机组系统，供暖及生活热水系统为燃气锅炉系统。

2 改造项目基准线情景，是指项目供冷、供暖及生活热水需求由原有冷热源提供的情景。

3.0.2 项目情景指项目供冷、供暖及生活热水需求由浅层地热能提供的情景。

3.0.3 核算边界包含供冷、供暖及生活热水冷热源和输配系统。

3.0.4 核算周期为减排量核算的时间区间，最小单位宜为连续12个月，监测周期应至少涵盖核算周期。

3.0.5 浅层地热能开发利用项目在核算碳减排量时应遵循以下原则：

1 相关性原则

应选择与浅层地热能项目减排量核算目标需求相适应的温室气体排放源、数据和方法。

2 完整性原则

项目在设计、实施和监测过程中，核算应确保所有相关数据的完整性，以便准确核算减排量。

3 一致性原则

核算方法和结果表现形式应保持一致性，能够对温室气体排放相关信息进行有意义的比较。

4 透明性原则

碳排放数据的收集、处理和报告过程应可追溯和理解核算结果。

4 基准线情景碳排放量计算

4.1 新建项目基准线情景碳排放量计算

4.1.1 新建项目基准线情景采用常规能源系统计算碳排放量，其基准线碳排放量为核算周期内供冷、供暖及生活热水排放量之和，按式(4.1.1-1)计算：

$$BE_{new}=BE_c+BE_h+BE_{hw} \tag{4.1.1-1}$$

式中：BE_{new}——新建项目供冷、供暖及生活热水系统基准线碳排放总量(tCO_2)；

BE_c——新建项目基准线情景供冷碳排放量(tCO_2)，按式(4.1.1-2)计算；

BE_h——新建项目基准线情景供暖碳排放量(tCO_2)，按式(4.1.1-3)计算；

BE_{hw}——新建项目基准线情景供生活热水碳排放量(tCO_2)，按式(4.1.1-4)计算。

$$BE_c=AD_{ec}\times EF_e \tag{4.1.1-2}$$

$$BE_h=AD_{fh}\times EF_f \tag{4.1.1-3}$$

$$BE_{hw}=AD_{fhw}\times EF_f \tag{4.1.1-4}$$

式中：AD_{ec}——新建项目供冷基准线能耗值(10^4kWh)，按式(4.1.2)计算；

AD_{fh}——新建项目供暖基准线燃料的活动水平数据(TJ)，按式(4.1.3)计算；

AD_{fhw}——新建项目生活热水基准线燃料的活动水平数据(TJ)，按式(4.1.4)计算；

EF_e——电力排放因子($tCO_2/10^4kWh$),见本标准表 A.0.1;

EF_f——天然气燃烧 CO_2 排放因子(tCO_2/TJ),见本标准表 A.0.1。

4.1.2 新建项目基准线情景供冷能耗值 AD_{ec} 按式(4.1.2)计算:

$$AD_{ec}=\frac{Q_c}{3.6\times COP\times 10^4} \tag{4.1.2}$$

式中:Q_c——拟计算项目的核算周期内累计耗冷量(MJ),为核算项目系统能量监测值;

COP——常规制冷空调方式的系统能效比(无量纲),按上海市现行建筑节能设计标准选取。

4.1.3 新建项目供暖按照燃气锅炉供暖形式,采用的燃料为天然气,天然气的活动水平数据 AD_{fh} 按式(4.1.3)计算:

$$AD_{fh}=\frac{Q_h}{\eta_h\times 10^6} \tag{4.1.3}$$

式中:Q_h——拟计算项目的核算周期内累计耗热量(MJ),为核算项目系统能量监测值;

η_h——燃气锅炉效率,按上海市现行建筑节能设计标准选取。

4.1.4 新建项目供生活热水按照燃气锅炉供热水形式,采用的燃料为天然气,天然气的活动水平数据 AD_{fhw} 按式(4.1.4)计算:

$$AD_{fhw}=\frac{Q_{hw}}{\eta_{hw}\times 10^6} \tag{4.1.4}$$

式中:Q_{hw}——拟计算项目的核算周期内累计耗热量(MJ),为核算项目系统能量监测值;

η_{hw}——燃气锅炉效率,按上海市现行建筑节能设计标准选取。

4.2 改造项目基准线情景碳排放量计算

4.2.1 改造项目基准线情景碳排放量及核算时间应采用与核算周期相同时长且在改造之前至少连续12个月,并取核算周期内能源消耗活动数据。

4.2.2 改造项目在系统改造前后的功能和供冷、供暖及生活热水活动数据量应在对等状态下进行碳减排量核算。

4.2.3 改造项目基准线碳排放量按式(4.2.3)计算:

$$BE_{\mathrm{p}}=BE_{\mathrm{e}}+BE_{\mathrm{f}}+BE_{\mathrm{t}} \tag{4.2.3}$$

式中:BE_{P}——基准线情景下改造项目供冷、供暖及生活热水系统碳排放总量(tCO_2);

BE_{e}——基准线情景下改造项目供冷、供暖及生活热水系统消耗电力所产生的碳排放量(tCO_2);

BE_{f}——基准线情景下改造项目供冷、供暖及生活热水系统化石能源消耗产生的碳排放量(tCO_2);

BE_{t}——基准线情景下改造项目供冷、供暖及生活热水消耗外购热力所产生的碳排放量(tCO_2)。

4.2.4 改造项目基准线情景下消耗电力所产生的碳排放量(tCO_2)按式(4.2.4)计算:

$$BE_{\mathrm{e}}=AD_{\mathrm{ea}}\times EF_{\mathrm{e}} \tag{4.2.4}$$

式中:AD_{ea}——改造项目供冷、供暖及生活热水系统全年使用的电量(10^4kWh);

EF_{e}——电力排放因子($tCO_2/10^4$kWh),见本标准表A.0.1。

4.2.5 改造项目基准线情景下化石能源消耗产生的碳排放量(tCO_2)按式(4.2.5)计算:

$$BE_{\mathrm{f}}=\sum_{i=1}^{n}\left(FC_i\times RZ_i\times\frac{CC_i}{1\,000}\times OF_i\times\frac{44}{12}\right) \tag{4.2.5}$$

式中：FC_i——第 i 种气体燃料的消耗量（$10^4 Nm^3$），见本标准表 A. 0. 2；

RZ_i——第 i 种化石燃料的低位热值（$2GJ/10^4 Nm^3$），见本标准表 A. 0. 2；

CC_i——第 i 种化石燃料的单位热值含碳量（tC/TJ），见本标准表 A. 0. 2；

OF_i——第 i 种化石燃料的碳氧化率（%），见本标准表 A. 0. 2；

44/12——碳元素和二氧化碳转换系数。

4. 2. 6 改造项目基准线情景下外购热力所产生的碳排放量（tCO_2）按式（4. 2. 6）计算。

$$BE_{\mathrm{t}} = AD_{\mathrm{ta}} \times EF_{\mathrm{t}} \tag{4. 2. 6}$$

式中：AD_{ta}——项目供冷、供暖及生活热水系统外购的冷（热）量（GJ）；

EF_{t}——热力排放因子（tCO_2/GJ），按外购冷（热）力能源站实际数据取值，无来源时见本标准表 A. 0. 1。

4. 2. 7 改造项目改造前供冷、供暖及生活热水活动数据监测不全或无法使用时，可按照新建项目计算基准线情景碳排放量（tCO_2）。

5 项目情景碳排放量计算及减排量核算

5.1 项目情景碳排放量计算

5.1.1 项目情景碳排放量计算按式(5.1.1)计算：

$$PE = PE_e + PE_f + PE_t \tag{5.1.1}$$

式中：PE——核算周期内项目情景下碳排放量(tCO_2)；

PE_e——核算周期内项目情景下地源热泵系统消耗的外购电力产生的碳排放量(tCO_2)；

PE_f——项目情景供冷、供暖及生活热水系统化石能源消耗产生的碳排放量(tCO_2)；

PE_t——外购热力所产生的碳排放量(tCO_2)。

5.1.2 核算周期内项目情景浅层地热能系统的供冷、供暖及生活热水系统消耗的电力按外购电力计入，所产生的碳排放量按式(5.1.2)计算：

$$PE_e = AD_e \times EF_e \tag{5.1.2}$$

式中：AD_e——项目情景浅层地热能系统的供冷、供暖及生活热水系统消耗的电力(10^4kWh)，为核算项目系统电量监测值；

EF_e——电力排放因子($tCO_2/10^4$kWh)，见本标准表A.0.1。

5.1.3 核算周期内项目情景浅层地热能系统的供冷、供暖及生活热水系统所使用的化石燃料产生的碳排放量，按式(5.1.3)计算：

$$PE_f = \sum_{i=1}^{n}\left(FC_i \times RZ_i \times \frac{CC_i}{1\,000} \times OF_i \times \frac{44}{12}\right) \tag{5.1.3}$$

式中：FC_i——项目情景第 i 种化石燃料的消耗量（$10^4 Nm^3$），为核算项目用燃料监测值；

RZ_i——第 i 种化石燃料的低位热值（$GJ/10^4 Nm^3$），见本标准表 A.0.2；

CC_i——第 i 种化石燃料的单位热值含碳量（tC/TJ），见本标准表 A.0.2；

OF_i——燃料 i 的碳氧化率（%），见本标准表 A.0.2；

i——化石燃料类型代号。

44/12——碳元素和二氧化碳转换系数。

5.1.4 项目情景外购热力产生的碳排放量，按式(5.1.4)计算：

$$PE_t = AD_t \times EF_t \tag{5.1.4}$$

式中：AD_t——项目情景外购热力的热量（GJ），为核算项目外购热力计量值；

EF_t——外购热力的排放因子（tCO_2/GJ），见本标准表 A.0.1。

5.1.5 核算周期内项目情景下地源热泵系统产生的其他碳排放量（tCO_2）根据实际情况计算，在无其他排放或其他碳排放量可忽略的情况下取值为零。

5.2 项目碳减排量核算

5.2.1 新建项目减排量按式(5.2.1)核算：

$$ER_{new} = BE_{new} - PE - LE \tag{5.2.1}$$

式中：ER_{new}——新建项目核算周期内项目碳减排量（tCO_2）；

BE_{new}——新建项目基准线碳排放量（tCO_2）；

PE——项目碳排放量（tCO_2）；

LE——项目引起的碳泄露（tCO_2），本标准不考虑，取值为 0。

5.2.2 改造项目减排量按式(5.2.2)核算：

$$ER_{p}=BE_{p}-PE-LE \tag{5.2.2}$$

式中：ER_{p}——改造项目核算周期内项目碳减排量(tCO_2)；

BE_{p}——改造项目基准线碳排放量(tCO_2)。

6 数据来源与管理要求

6.1 数据来源

6.1.1 计算基准线排放和项目排放的数据类型包括缺省参数、监测数据和项目统计数据。

6.1.2 本标准缺省参数包括电力排放因子 EF_e（$tCO_2/10^4kWh$）、热力排放因子 EF_f（tCO_2/TJ）、常规制冷空调方式的系统能效比 COP、化石燃料的低位热值 RZ（$GJ/10^4Nm^3$）、化石燃料的单位热值含碳量 CC（tC/GJ）、化石燃料的碳氧化率 OF（%）、燃气锅炉效率 η_h 和 η_{hw}、外购热力排放因子 EF_t（tCO_2/GJ）。各参数详细说明见表 6.1.2-1～表 6.1.2-8。

表 6.1.2-1 电力排放因子

数据	电力排放因子
描述	单位电力生产所排放的温室气体量
本标准代表符号	EF_e
单位	$tCO_2/10^4kWh$
所使用的数据来源	沪环气〔2022〕34 号
数据用途	计算电力消耗产生的碳排放量

表 6.1.2-2 化石燃料-天然气-CO_2 排放因子

数据	化石燃料-天然气-CO_2 排放因子
描述	天然气燃烧单位热力所产生的 CO_2 排放量缺省值
本标准代表符号	EF_f
单位	tCO_2/TJ
所使用的数据来源	国家温室气体排放因子数据库
数据用途	计算新建项目基准线情景供暖及生活热水碳排放量

表 6.1.2-3　常规制冷空调方式的系统能效比

数据	常规制冷空调方式的系统能效比
描述	制冷量与有效输入功率之比
本标准代表符号	COP
单位	无量纲
所使用的数据来源	按上海市现行建筑节能设计标准选取
数据用途	计算新建项目基准线情景供冷能耗值

表 6.1.2-4　化石燃料的低位热值

数据	化石燃料的低位热值
描述	单位质量的燃料在完全燃烧时所发出的热量
本标准代表符号	RZ_i
单位	$GJ/10^4 Nm^3$
所使用的数据来源	生态环境部最新发布的核算指南文件
数据用途	化石能源消耗产生的热量

表 6.1.2-5　化石燃料的单位热值含碳量

数据	化石燃料的单位热值含碳量
描述	单位热值中所含有的碳的量
本标准代表符号	CC_i
单位	tC/GJ
所使用的数据来源	生态环境部最新发布的核算指南文件
数据用途	化石能源消耗产生的碳排放量

表 6.1.2-6　化石燃料的碳氧化率

数据	化石燃料的碳氧化率
描述	燃料中的碳在燃烧过程中被氧化的比率
本标准代表符号	OF_i
单位	%

续表6.1.2-6

所使用的数据来源	生态环境部最新发布的核算指南文件
数据用途	化石能源消耗产生的碳排放量

表 6.1.2-7　燃气锅炉效率

数据	燃气锅炉效率
描述	有效热量占燃料总能量的百分比
本标准代表符号	η_h、η_{hw}
单位	无量纲
所使用的数据来源	按上海市现行建筑节能设计标准选取
数据用途	计算新建项目基准线情景供暖及生活热水能耗值

表 6.1.2-8　外购热力排放因子

数据	外购热力排放因子
描述	外购热力所产生的 CO_2 排放量缺省值
本标准代表符号	EF_t
单位	tCO_2/GJ
所使用的数据来源	沪环气〔2022〕34 号或按能源站实际数据取值
数据用途	计算新建项目基准线情景供暖及生活热水碳排放量

6.1.3　监测数据为项目情景下实时监测的数据，包括耗冷(热)量 Q(MJ)、耗电量 AD(10^4kWh)、燃料消耗量 FC(10^4Nm^3)。各参数详细说明见表 6.1.3-1～表 6.1.3-8。

表 6.1.3-1　浅层地热能开发利用项目累计耗冷量

数据	浅层地热能开发利用项目累计耗冷量
描述	核算周期内，地源热泵系统供冷所提供的总冷量
本标准代表符号	Q_c
单位	MJ
所使用的数据来源	能量计

续表6.1.3-1

测量方法和程序	安装在热交换器下游能量计读数
监测频率	每小时
数据用途	计算新建或改造项目基准线情景供冷能耗值
质量保证/质量控制程序要求(QA/QC)	定期对仪表进行校准和维护,保证数据监测的准确性和可靠性

表6.1.3-2　浅层地热能开发利用项目累计耗热量

数据	浅层地热能开发利用项目累计耗热量
描述	核算周期内,地源热泵系统供暖计生活热水供热所提供的总热量
本标准代表符号	Q_h、Q_{hw}
单位	MJ
所使用的数据来源	能量计
测量方法和程序	安装在热交换器下游的能量计读数
监测频率	每小时
数据用途	计算新建或改造项目基准线情景供暖及生活热水能耗值
质量保证/质量控制程序要求(QA/QC)	定期对仪表进行校准和维护,保证数据监测的准确性和可靠性

表6.1.3-3　改造项目改造前累计耗冷量

数据	项目改造前累计耗冷量
描述	改造项目进行浅层地热能开发利用改造前选定的计算周期内,系统供冷所提供的总冷量
本标准代表符号	Q_{Rc}
单位	MJ
所使用的数据来源	能量计
测量方法和程序	记录安装在系统供冷总能量计读数

续表6.1.3-3

监测频率	每小时
数据用途	计算改造项目基准线情景供冷能耗值
质量保证/质量控制程序要求(QA/QC)	使用时定期对仪表进行校准和维护,保证数据监测的准确性和可靠性

表6.1.3-4 改造项目改造前累计耗热量

数据	项目改造前累计耗热量
描述	改造项目进行浅层地热能开发利用改造前选定的计算周期内,系统供暖及生活热水供热所提供的总热量
本标准代表符号	$Q_{R(h+hw)}$
单位	MJ
所使用的数据来源	能量计
测量方法和程序	记录安装在系统供暖和生活热水加热总能量计读数之和
监测频率	每小时
数据用途	计算改造项目基准线情景供暖及生活热水能耗值
质量保证/质量控制程序要求(QA/QC)	使用时定期对仪表进行校准和维护,保证数据监测的准确性和可靠性

表6.1.3-5 浅层地热能开发利用项目耗电量

数据	项目耗电量
描述	地源热泵系统的供热、供冷系统消耗的电量
本标准代表符号	AD_e
单位	10^4kWh
所使用的数据来源	电表
测量方法和程序	安装在配电系统中核算周期内电表的读数差
监测频率	每小时
数据用途	消耗电力所产生的碳排放量
质量保证/质量控制程序要求(QA/QC)	由具有资质的第三方进行安装和维护,或采用电力部门的结算单据

表 6.1.3-6 改造项目改造前累计耗电量

数据	改造前累计耗电量
描述	改造项目改造前核算周期内供热、供冷系统全年使用的电量
本标准代表符号	AD_{ea}
单位	10^4 kWh
所使用的数据来源	电表
测量方法和程序	安装在配电系统中核算周期内电表的读数之和
监测频率	每小时
数据用途	消耗电力所产生的碳排放量
质量保证/质量控制程序要求(*QA*/*QC*)	由具有资质的第三方进行安装和维护,或采用电力部门的结算单据

表 6.1.3-7 改造项目改造前燃料消耗量

数据	项目改造前燃料消耗量
描述	改造项目改造前供冷、供热及生活热水系统全年使用的化石燃料消耗量
本标准代表符号	FC_i
单位	t 或 10^4 Nm^3
所使用的数据来源	项目生产数据、统计表、结算单据
测量方法和程序	仪表、日志、结算单据交叉确认
监测频率	每小时(仪表)或根据数据记录情况
数据用途	消耗燃料所产生的碳排放量
质量保证/质量控制程序要求(*QA*/*QC*)	为了确保测量数据值的准确性,应对相应仪表进行定期维护,对获取数据进行交叉确认

表 6.1.3-8 改造项目改造前外购的冷(热)量

数据	项目改造前外购的冷(热)量
描述	项目外购的冷(热)量

续表6.1.3-8

单位	GJ
所使用的数据来源	项目外购能源结算单据或仪表
测量方法和程序	数量来源于表具计量或能源账单
数据用途	外购冷(热)量所产生的碳排放
质量保证/质量控制程序要求(QA/QC)	由具有资质的第三方进行安装和维护,或采用结算单据中的数据

6.1.4 项目统计数据主要涉及项目历史活动数据,包括燃料的消耗量、外购的冷(热)量,需结合实际项目统计获得。

6.2 数据监测要求

6.2.1 监测数据应包含浅层地热能应用系统运行耗热量、耗电量状态的各参数,包括:

1 机组耗电量。

2 循环水输配系统(含用户侧水泵、地源侧水泵、冷却塔及冷却塔水泵)耗电量。

3 用户侧能量计数据。

4 地源侧能量计数据。

6.2.2 监测数据宜包含浅层地热能应用系统运行状态的其他参数,包括:

1 地源侧水流量。

2 用户侧水流量。

3 地源侧供回水温度。

4 用户侧供回水温度。

5 室外温湿度。

6.2.3 温度传感器精度不应低于±0.2℃,水流传感器精度不应低于±2%,输入功率传感器精度不应低于2.0级。

6.2.4 地源热泵运行期间,机房系统运行状态参数数据时间间隔不应大于 10 min。

6.2.5 项目应建立数据、信息等原始记录和台账管理制度，妥善保管监测数据、原始记录。所有数据、信息应电子存档，至少保存 10 年，确保相关数据可被追溯。

6.2.6 项目使用的计量装置在安装前应由国家法定计量检定机构或获得计量授权的计量技术机构按照相关规程的要求进行检定。

6.2.7 已安装的计量装置出现以下情形时，应委托具备资质的第三方计量技术机构进行校准或更换，确保监测数据的准确性：

1 主表、备表的误差明显超出准确度范围。

2 零部件故障问题导致不能正常使用。

6.2.8 计量装置出现未校准、延迟校准或者准确度超过规定要求情形时，应对该时间段内的电数据采用保守性处理。如采用处理后的数据计算减排量，应对计算结果做出相应说明。

6.2.9 项目应建立数据内部审核制度，定期对监测数据进行审核。

6.2.10 计量装置和传感器宜采用具有远传功能的智能设备，并提供标准接口和协议，以备平台监测需要。

6.3 碳减排量核算报告

6.3.1 浅层地热能开发利用碳减排核算项目应编制碳减排核算报告，报告提供的数据、图表应客观、真实、准确。

6.3.2 碳减排核算报告宜包括下列内容：

1 项目概述。

2 项目边界。

3 项目数据监测结果。

4 基准线情景排放量计算。

5 项目情景排放及减排量计算。

6 环境影响和可持续发展分析。

附录A 相关参数及碳排放核算缺省值

A.0.1 外购电力和热力排放因子来源于《上海市生态环境局关于调整本市温室气体排放核算指南相关排放因子数值的通知》（沪环气〔2022〕34号），天然气燃烧产生的CO_2排放因子来源于国家温室气体排放因子数据库网站，选取数据应根据国家或上海市发布的最新文件进行更新（表A.0.1）。

表A.0.1 电力和热力排放因子

名称	单位	缺省值	备注
电力排放因子	$tCO_2/10^4kWh$	4.2	沪环气〔2022〕34号
天然气燃烧CO_2排放因子	tCO_2/TJ	56.1	国家温室气体排放因子数据库
外购热力排放因子	tCO_2/GJ	0.06	沪环气〔2022〕34号或按能源站实际数据取值

A.0.2 常用化石燃料特性参数缺省值的数据来源于《公共建筑运营企业温室气体排放核算方法与报告指南》（发改办气候〔2015〕1722号）和《上海市旅游饭店、商场、房地产业及金融业办公建筑温室气体排放核算与报告方法（试行）》（沪发改环资〔2012〕188号），需根据生态环境部发布的最新技术规范进行调整（表A.0.2）。

表A.0.2 常用化石燃料特性参数缺省值

燃料品种	低位热值 ($GJ/10^4Nm^3$)	单位热值含碳量 (tC/TJ)	碳氧化率 (%)
汽油	44.8	18.9	98
柴油	43.3	20.2	98

续表A.0.2

燃料品种	低位热值（$GJ/10^4Nm^3$）	单位热值含碳量（tC/TJ）	碳氧化率（%）
液化石油气	47.3	17.2	98
液化天然气	41.9	17.2	98
天然气	389.3	15.3	99
管道煤气	158.0	12.2	99

附录B 核算案例

B.1 新建项目碳减排量核算案例

B.1.1 项目概况：新建某办公项目，计容建筑面积 26 925m^2，项目空调系统采用地源热泵系统为建筑物提供供冷、供暖，未涉及生活热水。

B.1.2 核算边界：项目供冷、供暖冷热源系统及输配系统。

B.1.3 核算周期：连续 12 个月。

B.1.4 数据来源及能源数据：供冷季累计耗冷量为监测能量值 7 433 192 MJ，供热季累计耗热量为监测能量值 6 631 661 MJ，浅层地热能系统消耗电力为年度监测值 1 265.19 MWh。

B.1.5 计算过程

1 项目基准线情景排放量计算

基准线情景按照常规系统供冷、供暖及生活热水测算。

1) 项目供冷基准线情景排放量计算

项目供冷常规系统按照冷水机组供冷，冷水系统能效参照本市现行建筑节能设计标准取 2.8，供冷基准线能耗值 AD_{ec} 按式(4.1.2)计算为

$$AD_{ec}=\frac{Q_c}{3.6\times COP\times 10^4}=\frac{7\ 433\ 192}{3.6\times 2.8\times 10^4}=73.742\times 10^4\,\text{kWh}$$

按照本标准表 A.0.1，电力排放因子为 4.2 $tCO_2/10^4kWh$，供冷基准线碳排放量 BE_c 为

$$BE_c=AD_{ec}\times EF_e=73.742\times 4.2=309.72\ tCO_2$$

2）项目供热基准线情景排放量计算

项目供暖常规系统按照燃气锅炉供暖，燃气锅炉采用的燃料为天然气，燃气锅炉效率参考本市现行建筑节能设计标准为0.94，天然气的活动水平数据 AD_{fh} 按式(4.1.3)计算：

$$AD_{fh}=\frac{Q_h}{\eta\times 10^6}=\frac{6\,631\,661}{0.94\times 10^6}=7.055\ \text{TJ}$$

按照本标准表A.0.1，天然气 CO_2 排放因子 EF_f 为 56.1 tCO_2/TJ，供热基准线碳排放量 BE_h 为

$$BE_h=AD_{fh}\times EF_f=7.055\times 56.1=395.79\ tCO_2$$

3）本项目基准线情景总排放量为

$$BE_{new}=BE_c+BE_h=309.72+395.79=705.51\ tCO_2$$

2 项目情景排放量计算

项目需求同基准线核算情景，项目情景按照应用浅层地热能供冷、供暖测算，本项目无燃料消耗及外购热力，项目情景排放量仅有浅层地热能系统消耗的电力所对应的 CO_2 排放量。

项目消耗电力碳排放量按照式(5.1.2)计算，电力排放因子为4.2 $tCO_2/10^4$ kWh，浅层地热能系统消耗电力产生 CO_2 排放量为

$$PE_e=AD_e\times EF_e=126.5\times 10^4\times\frac{4.2}{10^4}=531.38\ tCO_2$$

3 项目情景减排量核算

项目减排量按照式(5.2.1)计算：

$$ER_{new}=BE_{new}-PE_e=705.51-531.38=174.13\ tCO_2$$

B.2 改造项目碳减排量核算案例

B.2.1 项目概况：某酒店改造项目，建筑面积为 24 167 m^2，原空

调系统采用燃气锅炉＋冷水机组(冷却塔)系统方式,改造为地源热泵系统提供供冷、供暖及生活热水。

B. 2. 2 核算边界:改造前后,供冷供暖及生活热水冷热源和输配系统。

B. 2. 3 核算周期:项目情景为改造后连续 12 个月,基准线情景为改造前连续 12 个月。

B. 2. 4 数据来源及能源数据:改造前累计冷量为监测值 8 190 007. 92 MJ,全年计量热量(采暖及生活热水)为监测值 6 813 441. 101 MJ,改造后连续 12 个月计量冷量为监测值 7 371 007. 128 MJ,全年计量热量(采暖及生活热水)为监测值 5 791 424. 936 MJ。改造前耗能:耗电为监测值 736 563. 7 kWh,耗天然气量为表具计量值 304 018. 82 Nm^3,无外购热力。改建后地源热泵系统同期耗电量为监测值 1 280 839. 1 kWh。

B. 2. 5 计算过程

1 改造项目基准线情景排放量计算

改造前基准线排放量为按照式(4. 2. 3)计算:

$$BE_p = \frac{5\,791\,424.936 + 7\,371\,007.128}{8\,190\,007.92 + 6\,813\,441.101} \times \left(\frac{736\,563.7}{10^4} \times 4.2 + \frac{304\,018.82}{10^4} \times 389.3 \times \frac{15.3}{1\,000} \times 99\% \times 44/12 + 0 \right) \times 0.88$$

$$= (309.36 + 657.33 + 0) \times 0.88 = 848.07\ tCO_2$$

2 改造项目排放量计算

改造后项目排放量按照式(5. 1. 2)计算:

$$PE_e = AD_e \times EF_e = \frac{1\,280\,839.1}{10^4} \times 4.2 = 537.95\ tCO_2$$

3 改造项目减排量核算

项目减排量按照式(5. 2. 2)计算:

$$ER_p = BE_p - PE - LE = 848.07 - 537.95 - 0 = 310.12\ tCO_2$$

本标准用词说明

1 为便于在执行本标准条文时区别对待，对要求严格程度不同的用词说明如下：

1） 表示很严格，非这样做不可的用词：
正面词采用“必须”；
反面词采用“严禁”。

2） 表示严格，在正常情况下均应这样做的用词：
正面词采用“应”；
反面词采用“不应”或“不得”。

3） 表示允许稍有选择，在条件许可时首先应这样做的用词：
正面词采用“宜”；
反面词采用“不宜”。

4） 表示有选择，在一定条件下可以这样做的用词，采用“可”。

2 条文中指明应按其他有关标准执行时的写法为“应符合……的规定”或“应按……执行”。

引用标准名录

1 《地源热泵系统工程技术规范》GB 50366
2 《建筑节能与可再生能源利用通用规范》GB 55015
3 《可再生能源建筑应用工程评价标准》GB/T 50801
4 《建筑碳排放计算标准》GB/T 51366
5 《工业锅炉能效限定值及能效等级》GB 24500
6 《公共建筑用能监测系统工程技术标准》DG/TJ 08—2068
7 《地源热泵系统工程技术标准》DG/TJ 08—2119
8 《可再生能源建筑应用测试评价标准》DG/TJ 08—2162
9 《浅层地热能开发利用监测技术标准》DG/TJ 08—2324
10 《电能计量装置现场检验规程》DL/T 1664
11 《省级温室气体清单编制指南(试行)》
12 《工业其他行业企业温室气体排放核算方法与报告指南(试行)》

团 体 标 准

浅层地热能开发利用项目碳减排核算标准

T/SHDZ 004—2025

条 文 说 明

2025　上海

目　次

Contents

1 总 则

1.0.2 根据上海市浅层地热能开发利用应用项目调研统计结果，浅层地热能资源开发利用项目业态范围广泛，除常见的办公、酒店、商业等建筑体外，还在工业厂房和花卉、瓜果蔬菜等设施农业中有成熟应用。因此，本标准适用的范围包含上海市新建、改造的民用、工业、农业等应用浅层地热能的项目。

2 术 语

2.0.1 浅层地热能定义来源于现行上海市工程建设规范《地源热泵系统工程技术标准》DG/TJ 08—2119。

2.0.3 地源热泵系统定义来源于现行上海市工程建设规范《地源热泵系统工程技术标准》DG/TJ 08—2119。

3 基本规定

3.0.1 新建项目基准线情景主要针对常规冷热源系统。据不完全统计，上海市中央空调市场主流机型占比中，集中式供冷方式以冷水机系统为主，供热方式中天然气是使用最为普遍的化石能源。因此，本标准将新建项目基准线情景供冷系统设定为冷水机组系统，供暖及生活热水系统设定为燃气锅炉系统。

3.0.3 项目核算边界指与项目组织边界内供冷、供暖和生活热水系统有关或受供冷、供暖和生活热水系统影响的设施、系统和设备，以及可合理归因于项目供冷、供暖和生活热水系统产生的温室气体排放源，包括锅炉所使用的化石能源，热泵机组、冷却塔、水泵等消耗的电能量以及外购热力等。

目前，浅层地热能资源的开发利用主要为应用项目提供夏季供冷、冬季供暖和供生活热水使用，但是末端系统项目情景和基准线情景无差别，因此核算边界界定为以上三种系统的冷热源及输配系统。

3.0.5 浅层地热能开发利用项目温室气体减排量核算涉及的排放来源主要包括化石能源燃烧产生的直接排放、外购电力和热力产生的间接排放，主要温室气体排放种类为二氧化碳（CO_2）。在改造项目基准线情景中，燃气锅炉使用过程中可能存在甲烷（CH_4）逃逸排放，由于数量少且计量困难，遵循保守性原则忽略不计。在项目情景中，以氢氟碳化物（HFCs）为制冷剂的热泵机组运行过程中可能存在泄露排放，正常使用的机组制冷剂逃逸速度非常低，甚至接近于零，因而忽略不计。发生明显的制冷剂泄漏的项目不适用于本标准，需要根据国家规定或项目所参与碳机制要求对温室气体泄露排放进行计算和报告。浅层地热能开发利用项目所涉及的排放源和温室气体种类见表 3-1。

表 3-1　温室气体主要排放源和种类

<table>
<tr><th colspan="2">排放源</th><th>温室气体种类</th><th>是否包含</th><th>说明</th></tr>
<tr><td rowspan="5">基准线情景</td><td rowspan="3">化石能源燃烧</td><td>二氧化碳(CO_2)</td><td>是</td><td>主要排放源</td></tr>
<tr><td>甲烷(CH_4)</td><td>否</td><td>次要排放源,数量少,保守性原则忽略</td></tr>
<tr><td>一氧化二氮(N_2O)</td><td>否</td><td>次要排放源,数量少,保守性原则忽略</td></tr>
<tr><td>外购电力和热力</td><td>二氧化碳(CO_2)</td><td>是</td><td>主要排放源,间接排放</td></tr>
<tr><td>化石燃料逸散</td><td>甲烷(CH_4)</td><td>否</td><td>次要排放源,数量少,保守性原则忽略</td></tr>
<tr><td rowspan="5">项目情景</td><td rowspan="3">化石能源燃烧</td><td>二氧化碳(CO_2)</td><td>是</td><td>主要排放源</td></tr>
<tr><td>甲烷(CH_4)</td><td>否</td><td>次要排放源,数量少,保守性原则忽略</td></tr>
<tr><td>一氧化二氮(N_2O)</td><td>否</td><td>次要排放源,数量少,保守性原则忽略</td></tr>
<tr><td>外购电力和热力</td><td>二氧化碳(CO_2)</td><td>是</td><td>主要排放源,间接排放</td></tr>
<tr><td>制冷剂泄漏逸散</td><td>氢氟碳化物(HFCs,如 R134a 等)</td><td>否</td><td>次要排放源,数量少,保守性原则忽略</td></tr>
</table>

4 基准线情景碳排放量计算

4.1 新建项目基准线情景碳排放量计算

4.1.1 基准线情景供冷、供暖及生活热水均采用市场上占比较多的系统形式，供冷为冷水机组系统、供暖和生活热水为燃气锅炉。核算项目系统能量监测值为拟核算应用浅层地热能项目的实际监测能量值，在相同的末端负荷情况下，对新建项目无论是基准线情景还是项目情景，该能量值保持不变。

4.2 改造项目基准线情景碳排放量计算

4.2.1 改造项目碳排放核算基准线为项目原来采用的供冷、供暖及生活热水方式。核算周期能够获取多个完整年度内供冷、供暖及生活热水能源消耗活动数据的，采用距离浅层地热能改造最近的3个完整年度数据的平均值计算。

4.2.2 改造项目在改造前后可能存在应用面积、应用量及应用范围等改变情况，在进行基准线和项目情景碳排放核算时，改造前后的对比条件应保持不变。

4.2.3 因改造项目在系统改造前后供冷、供暖及生活热水活动数据量可能存在变化，所以改造项目基准线情景碳排放量在改造前后累计总冷热量变化时需考虑因累计总冷热量变化产生的排放量。BE_p 在这种情景下按以下公式计算：

$$BE_p = \frac{Q_c + Q_h + Q_{hw}}{Q_{Rc} + Q_{Rh} + Q_{Rhw}} \times (BE_e + BE_f + BE_t)$$

式中：Q_c——拟计算项目核算周期内累计供冷量（MJ），为核算项目系统能量监测值；

Q_h——拟计算项目核算周期内累计供暖供热量（MJ），为核算项目系统能量监测值；

Q_{hw}——拟计算项目核算周期内累计供生活热水供热量（MJ），为核算项目系统能量监测值；

Q_{Rc}——拟计算项目基准线情景改造前项目供冷系统累计供冷量（MJ），为核算项目系统能量监测值，无监测值时以设计值为准；

Q_{Rh}——拟计算项目基准线情景改造前项目供暖及生活热水系统累计供热量（MJ），为核算项目系统能量监测值，无监测值时以设计值为准；

Q_{Rhw}——拟计算项目基准线情景改造前项目供暖及生活热水系统累计供热量（MJ），为核算项目系统能量监测值，无监测值时以设计值为准。

5 项目情景碳排放量计算及减排量核算

5.1 项目情景碳排放量计算

5.1.1 上海为夏热冬冷地区，浅层地热能应用项目往往采用地热＋其他能源系统组成而成。因此，将式(5.1.1)中 PE_e 定义为：含浅层地热能的供冷、供暖及生活热水系统消耗的电力所对应的碳排放量。

5.1.2 项目情景下浅层地热能系统消耗的电力：在夏季，包含与地源热泵系统输出总冷量相关的机组、用户侧水泵、地源侧水泵等耗电量；在冬季，包含与地源热泵系统输出总热量相关的机组、地源侧水泵等耗电量。

5.1.5 地源热泵系统运行过程中可能存在制冷剂泄漏排放，正常运行状态下泄漏量较小，该部分排放量在本标准不考虑，现阶段主要是确定浅层地热能项目正常运行较基准线情景碳排放减少的核算方法。偶然性制冷剂的大量泄漏不适用本标准。

5.2 项目碳减排量核算

5.2.1 对于新建项目采用浅层地热能的集中能源站供能项目，浅层地热能的碳减排核算可统一计入在集中能源站侧，也可分别在各用能建筑侧，但不得重复核算。*LE* 为项目实施过程中的碳泄漏，表现为因技术转换导致的碳排放转移、因运营成本变化引起的其他活动碳排放增加，以及由此引起的化石能源价格变动带来的消费量增长等产生的碳泄漏。本标准暂不考虑碳泄漏，因此 *LE* 取值为 0。新建项目核算案例详见本标准附录 B。

5.2.2 改造项目在改造前后供能能力和总量，往往会有变化，有些项目在进行浅层地热能系统改造的同时，也进行了建筑围护结构、控制系统等的改造升级，这些相应措施带来的影响在采用相同能耗值计算碳排放当量时也得到了扣减。为了保证改造项目在改造前后对等的条件下进行比较，改造项目基准线情景碳排放量在改造前后累计总冷热量变化时考虑因累计总冷热量变化产生的排放量。改造项目核算案例详见本标准附录B。

6 数据来源与管理要求

6.2 数据监测要求

6.2.4 时间间隔过小，采集数据过多会造成资源浪费，增加数据处理的难度；时间间隔过大，不能反应系统的真实状态。

6.2.5 应妥善保管电量结算凭证以及计量装置的检定、校准相关报告和维护记录。

6.2.7 在电能表使用期间，项目业主应委托具备 CNAS 或 CMA 资质的第三方计量技术机构，按照现行行业标准《电能计量装置现场检验规程》DL/T 1664 等相关标准和规程的要求每年对电能表进行校准，并出具报告。

6.2.8 及时校准但准确度超过规定要求：计量结果×(1－实际基本误差的绝对值)；

未校准：计量结果×(1－准确度等级对应的最大允许误差)；

延迟校准：延迟的时间段内按未校准情形处理。

6.2.9 电能表读数记录应与电量结算凭证进行数据交叉核对，确保数据记录的准确性、完整性符合要求。

6.3 碳减排量核算报告

6.3.2

1 项目概述包括项目碳核算目的、项目建筑概况、项目地点、采用的技术方法和措施，以及项目的排放源和项目有无泄漏情况的说明。

3　项目监测结果主要针对项目情景监测的主要数据参数、监测计划、监测数据的结果进行描述，并说明监测计量仪表的安装和校准情况。